...QUE POUR LA CULTURE FRANÇAISE

HENRI POINCARÉ
de l'Académie Française.

LES SCIENCES
ET LES HUMANITÉS

ARTHÈME FAYARD
ÉDITEUR
18-20, Rue du Saint-Gothard
PARIS

LES SCIENCES ET LES HUMANITÉS

HENRI POINCARÉ
de l'Académie Française.

LES SCIENCES ET LES HUMANITÉS

PARIS
ARTHÈME FAYARD, ÉDITEUR
18-20, Rue du Saint-Gothard.

LES SCIENCES ET LES HUMANITÉS

Par HENRI POINCARÉ

DE L'ACADÉMIE FRANÇAISE

I

Parmi les hommes qui ont, tous utilement, mais plus ou moins brillamment servi la science, les uns avaient reçu dans leur jeunesse une éducation classique solide, parfois raffinée, tandis que les autres n'avaient eu qu'une formation littéraire hâtive, incomplète et sommaire. On serait tenté d'en conclure que l'étude des lettres est inutile aux savants, puisque beaucoup d'entre eux ont pu s'en passer. Ce serait aller un peu vite en besogne. Est-il certain qu'on ne saurait faire de différence entre les œuvres des uns et des autres et y reconnaître une sorte de marque d'origine. C'est là une comparaison que je ne veux pas faire ici, il faudrait citer des noms propres, et je ne voudrais désobliger personne, même les morts. En pareille matière, les appréciations sont difficiles, mais quand même on aurait démontré que les uns ont été aussi bons savants que les autres, qu'est-ce que cela prouverait? Le fait s'expliquerait tout naturellement. Il y a eu de longues années où il était difficile de percer sans avoir fait ses classes, et en général de sortir de son rang. Ceux qui y sont parvenus n'ont pu le faire que grâce à une énergie exceptionnelle qui leur tenait lieu de bien d'autres avantages, et qui pouvait les mettre de pair avec des esprits plus cultivés, mais servis par des caractères moins bien trempés.

Ce qui est certain, c'est que les savants qui ont bénéficié de l'éducation classique, s'en félicitent tous, tandis que ceux qui en ont été privés le regrettent pour la plupart (je dis pour la plupart, parce que depuis quelque temps il y a des hommes qui verraient volontiers dans leurs origines primaires je ne sais quel titre de gloire démocratique et comme une lointaine promesse de députation). Pourquoi les uns se félicitent-ils pendant que les autres regrettent? Est-ce seulement parce que la science n'est pas tout, qu'il faut d'abord vivre, et que la culture nous fait découvrir à la fois de nouvelles raisons de vivre et de nouvelles sources de vie ? Non, tous sentent confusément que ce n'est pas seulement à l'homme, mais au savant même que les humanités sont utiles.

Je voudrais expliquer ici les raisons de ce sentiment vague dont ceux qui l'éprouvent rendraient peut-être difficilement compte. Pour traiter la question je suis obligé de la diviser : nous avons parlé des savants en général ; or, il y a bien des espèces de savants, et les qualités du mathématicien ne sont pas celles du physicien, encore moins celles du biologiste. On trouverait des gens pour dire que ces qualités sont incompatibles et que la formation qui convient aux uns ne saurait convenir aux autres.

D'un autre côté, quand on a cherché à énumérer les avantages des études classiques, on en a trouvé de bien divers et dont l'action doit être bien différente. Elles exercent l'esprit d'analyse en nous forçant à comparer les formes du langage, disent les grammairiens. Elles développent chez nous l'esprit de finesse, disent les autres.

Elles nous élèvent au-dessus des vulgarités de la
vie utilitaire, dit-on encore. Les défenseurs de la
culture littéraire ont donc invoqué les arguments
les plus variés. Ont-ils tous raison, c'est ce que
nous ne pouvons décider sans examiner ces arguments l'un après l'autre, et c'est ce qui m'oblige
à entrer ici dans quelques détails.

II

C'est le cas du mathématicien que j'examinerai
en premier et me plaçant d'abord au point de vue
le plus terre à terre ; je me demanderai : est-il
utile qu'il ait fait des thèmes et des versions ? La
réponse nous sera fournie par une observation
personnelle de M. Vacquant, inspecteur général
de l'Instruction Publique pour les Mathéma-
thiques ; il inspectait un jour une classe de l'enseignement moderne, enseignement qui, je crois
devoir l'ajouter, n'était pas alors ce qu'il est aujourd'hui.

Il demande à un élève la démonstration d'un théorème célèbre dont tout le monde connaît l'énoncé : Le produit ne dépend pas de l'ordre des facteurs. Le jeune homme donne la démonstration qu'il a apprise dans son livre ; dans le texte il ne change qu'un petit mot, mais c'est assez pour que le raisonnement soit faux.

Je m'explique ; le signe algébrique de la multiplication peut s'énoncer de plusieurs manières : on dit quelquefois *multiplié par*, on peut dire aussi *qui multiplie*, ou bien encore *que multiplie*. L'auteur du livre voulait qu'on le prononçât *multiplié par* ou *que multiplie*; l'élève avait l'habitude de l'énoncer sous la forme *qui multiplie*, et il n'avait eu garde, bien entendu, de changer ses habitudes pour la circonstance.

Pour tout autre théorème, cela n'aurait eu aucune espèce d'importance : *a qui* multiplie *b*, c'est la même chose que *a que* multiplie *b*, puisque l'on sait qu'on a le droit d'intervertir l'ordre des facteurs.

Pour la question posée, il en va tout autrement; nous ne savons pas encore si l'on a le droit d'intervertir l'ordre des facteurs puisque c'est justement ce qu'il s'agit de démontrer. Nous

ne savons pas encore si *a qui* multiplie *b,* c'est-
à-dire un produit où le multiplicateur est *a* et le
multiplicande *b* est la même chose que *a que*
multiplie *b,* c'est-à-dire un produit où le multiplicateur est *b* et le multiplicande *a ;* nous n'avons
pas le droit de dire l'un pour l'autre, ou bien
notre démonstration devient fausse.

Malgré tous les efforts de l'inspecteur, le jeune
homme ne put arriver à comprendre son erreur,
et ce qui est plus surprenant, c'est qu'aucun de
ses camarades ne semblait la comprendre mieux
que lui. Et le professeur se désolait : Pourtant
on leur a fait faire des analyses grammaticales.
Hélas ! elles étaient bien loin, leurs analyses
grammaticales.

Dans une classe de lettres, me disait M. Vacquant, rien de pareil n'aurait pu arriver; l'erreur
aurait pu être commise, mais l'élève l'aurait comprise dès qu'on la lui aurait expliquée, et réparée
dès qu'il l'aurait comprise.

III

L'exemple est peut-être un peu gros et notre enseignement moderne est sans doute aujourd'hui assez bien organisé pour que le plus mal dégrossi de ses représentants soit incapable de tomber dans un semblable piège. L'anecdote n'en est pas moins instructive ; elle nous fait mieux voir, comme à travers un verre grossissant, la nature des difficultés qui attendent les jeunes mathématiciens mal familiarisés avec l'analyse des formes verbales.

Notre langue exprime par ses flexions, par l'ordre même des mots des nuances infiniment plus délicates que celle qu'avait méconnue le héros de cette aventure. La moindre de ces nuances peut vicier un raisonnement mathématique où l'on doit suivre rigoureusement la ligne droite et où le moindre écart est interdit. Pour comprendre ces nuances, il faut avoir appris à les sentir ; il faut en avoir acquis une longue habitude pour les saisir du premier coup sans hésitation et sans effort.

L'enfant comprend les phrases *en bloc* pour ainsi dire, et si on le laissait faire il les écrirait toutes en un seul mot. Chaque mot est comme un centre d'associations d'idées, comme un fanal qui éclaire tout un canton de la conscience ; les divers mots d'une même phrase luisent en même temps ; leur lumière se mêle ; les champs qu'ils éclairent empiètent l'un sur l'autre, sans que l'on puisse dire duquel de tous ces phares tel ou tel point tire le plus de lumière.

C'est là comprendre comme voit le myope à qui les divers points de l'objet apparaissent comme des taches débordant les unes sur les autres, et pareilles à celles que l'on admire dans certains tableaux modernes.

C'est cette sorte d'illumination continue qu'on appelle d'ordinaire l'intelligence d'une phrase. Beaucoup d'hommes, même adultes, n'en demandent pas davantage ; les plus raffinés d'entre nous s'en contentent même neuf fois sur dix ; cette façon de comprendre le français suffit en effet pour les usages ordinaires de la vie. Chaque phrase nous suggère, par le simple jeu

de l'association des idées, les mouvements appro-
priés; quand on nous dit, allez à droite, les
muscles qui nous dirigent vers la droite se
contractent tout seuls. C'est assez pour vivre.

Mais c'est déjà trop peu dans bien des cas pour
la plupart des hommes civilisés; c'est tout à fait
insuffisant pour quelque chose d'aussi subtil
que le raisonnement mathématique. Dans ce
laminoir délicat, les phrases en bloc ne peuvent
pas passer; il faut lui présenter des matériaux
moins grossiers, réduits pour ainsi dire en petits
morceaux par l'analyse verbale.

Pour celui qui n'est pas exercé à cette gymnastique des mots, *qui multiplie*, ou *que multiplie*, ne représentent pas tout d'abord l'idée d'un
pronom relatif au nominatif ou à l'accusatif, mais
je ne sais quelle vague notion de multiplication;
de cette vague notion le mathématicien n'a que
faire. On m'a dit que la langue chinoise (peut-
être parce qu'elle est monosyllabique et n'a par
conséquent pas de grammaire) est incapable d'ex-
primer certaines nuances délicates, celles que
nous rendons par des flexions, et que faute d'un
instrument leur permettant de raisonner avec
précision, les Célestes sont et resteront fermés

aux Mathématiques. Pour ceux de nos compa-
triotes qui ne comprennent pas le français par le
menu, mais seulement comme le fait l'enfant ou
l'homme sans culture, le français n'est qu'un
chinois.

IV

Comment passerons-nous donc de cette pre-
mière façon de comprendre qui est celle de l'enfant à cette autre manière plus subtile où la
phrase n'est plus un tout, mais où l'on discerne
le rôle des divers mots et les multiples nuances
qui naissent de leurs flexions et de leurs rapports,
où l'on distingue tout cela sans effort et comme
par une longue habitude? Ce ne peut être qu'en
se rompant l'esprit à l'analyse des formes verbales. Pour cela la pédagogie a imaginé deux
procédés. Le premier est l'analyse grammaticale,
le second est la pratique des thèmes et des versions.

L'analyse grammaticale! Mauvais souvenir d'enfance. De mon temps, on en faisait beaucoup, et c'était très ennuyeux parce que chaque mot exigeait plusieurs lignes d'écriture où les mêmes formules se répétaient sans cesse avec une désespérante monotonie. Mais ces formules étaient abstraites et ne disaient rien à l'esprit des enfants. Je crois que la plupart des élèves des classes primaires finissent par y réussir, mais en se servant de règles empiriques; pour eux, par exemple, le mot qui est avant le verbe, c'est le sujet, celui qui est après, c'est le régime direct, mais ils ne se rendent pas compte des véritables rapports que ces mots expriment.

Il n'en est pas de même avec le thème et la version; de semblables artifices ne sont plus de mise, l'élève doit remplacer les mots les uns par les autres, et mettre ces mots au cas convenable, ce qui l'oblige à réfléchir sur leurs rapports mutuels. Ce ne sont plus d'ailleurs des formules abstraites qu'il manie, mais des mots dont chacun a sa physionomie propre, et qui sont encore un peu vivants.

Pesez quel profit on tire d'un thème d'une page, et estimez d'autre part combien de feuilles de papier il aurait fallu noircir si l'on avait voulu faire l'analyse grammaticale du texte de ce même thème. Cela permet de comparer le *rendement* des deux méthodes. C'est donc la pratique du thème et de la version qui nous apprendra à comprendre véritablement le sens des phrases et nous rendra par là aptes à nous en servir dans les raisonnements.

Je rappellerai, à ce propos, que M. Hermite, le célèbre géomètre, ne manquait pas, dès qu'il en trouvait l'occasion, de vanter l'importance du thème, exercice qui nous plie de bonne heure à la discipline, en nous assujettissant à appliquer une règle. Or, le savant, comme tout autre homme, et plus que tout autre, est à chaque instant dans la nécessité d'appliquer une règle.

V

Avec les langues anciennes, à cause de la richesse de leurs flexions, des inversions fréquentes qui bouleversent l'ordre des mots, cet exercice est tout particulièrement profitable. D'ailleurs, depuis

quelque temps on enseigne les langues modernes
en proscrivant le thème et la version ; c'est ce
que l'on appelle la *méthode directe,*et elle paraît
justifiée par d'assez grands avantages. Quoi qu'il
en soit, depuis qu'elle est universellement prati-
quée les langues modernes ne peuvent plus jouer
le même rôle que les langues mortes au point de
vue qui nous occupe.

Et cela montre combien il serait absurde de
vouloir appliquer la méthode directe au latin ;
on n'apprend pas le latin pour parler le latin,
comme si on avait à demander son chemin à un
contemporain de Cicéron dans un carrefour de
Suburre ; on apprend le latin pour l'avoir appris,
parce qu'on ne peut l'apprendre sans se plier à
une gymnastique utile, dont je viens de cher-
cher à expliquer l'un des avantages. Le jour où
on apprendra le latin par la méthode directe, il
deviendra superflu de l'apprendre.

·Et ce serait encore bien pis d'enseigner le
français par la méthode directe, c'est pour le
coup que les jeunes gens qui ne savent pas de
latin ou qui en savent trop peu, perdraient toute
chance de jamais comprendre le français *par le
menu.* La méthode directe nous apprend de

2

l'allemand tout ce qu'en savent les Allemands
sans aller à l'école, et cela n'est certes pas à
dédaigner ; combien d'entre nous, ayant impru-
demment passé la frontière, ont à rougir de leur
ignorance devant les garçons de café. L'allemand
d'un garçon de café, ce serait déjà une conquête ;
mais le français des garçons de café, c'est peut-
être un peu maigre ; j'ai dit assez plus haut que
ce n'est pas celui qui convient au géomètre.

VI

Ne pourrait-on dire pourtant que c'est là un
détour bien inutile, que le but étant de développer l'esprit analytique chez les futurs géomètres, il serait plus simple de les mettre aux
prises avec la matière sur laquelle ils auront à
travailler ensuite, la quantité, les nombres, les
figures ; que plus tard les difficultés qui se rat-
tachent à la pleine intelligence du langage scientifique ne seront plus pour eux qu'un jeu, puis-
qu'ils n'auront qu'à accomplir des efforts d'analyse

analogues à ceux qui leur seront devenus fami-
liers, et en même temps beaucoup plus simples.
C'est en effet ainsi que procède l'apprenti mathématiciens, qui n'a pas reçu dans sa jeunesse la
préparation classique dont j'ai parlé. Il aborde
l'étude des sciences en ne possédant du langage
qu'une connaissance intermédiaire entre la
connaissance grossière de l'enfant qui voit toute
la phrase en bloc, et la connaissance raffinée du
lettré qui en discerne tous les ressorts.

Cela lui suffit pour ses débuts à la condition de
passer légèrement sur les premiers principes qui
sont la partie la plus délicate de la science. Ces
premiers principes, il les admet comme des
articles de foi, quitte à y revenir quand il sera
plus sûr de lui. Il s'exerce alors et sans sortir des
mathématiques proprement dites, il se rompt à
l'analyse; les phrases qui lui avaient d'abord
semblé mystérieuses, finissent par s'éclairer pour
lui, parce qu'il s'est fait un œil qui sait voir les
détails, mais au prix de quel travail.

Les notions dont on se sert en mathématiques
sont prodigieusement abstraites, c'est-à-dire
qu'elles sont le résultat d'une élaboration déjà
très avancée. N'est-il pas plus naturel de com-

mencer par le plus facile, et de n'aborder cette
analyse avancée qu'après en avoir fini avec l'analyse immédiate. Les formes verbales, qui en sont
les produits, conservent encore quelque chose de
concret; elles sont par là moins rebutantes pour
les jeunes enfants qui peuvent se familiariser
avec elles à un âge où les mathématiques leur
seraient inaccessibles. Quand leur estomac sera
prêt, la nourriture qu'on lui présentera sera
pour ainsi dire toute mâchée. Oui, il y a des
hommes à l'estomac de fer qui peuvent digérer
sans avoir mâché; cela n'empêche pas que la
Faculté a toujours recommandé de bien mâcher.

VII

Je me suis un peu étendu sur le cas du mathématicien, et on peut se demander dans quelle
mesure tout cela est applicable au physicien ou
au biologiste. Ce sera, répondrons-nous, précisément dans la mesure où ces savants ont besoin
d'être mathématiciens. Le biologiste a, en géné-

ral, peu de dispositions pour les mathématiques, et même quelquefois les sciences exactes lui inspirent quelque répugnance et un peu de défiance. Ces formes pures du géomètre qui lui semblent vides, sans couleur et sans vie lui causent un mortel ennui et sont pour lui sans intérêt; il est tout près d'y voir un appareil aussi vain que rébarbatif. Et cependant il est un minimum d'esprit mathématique dont aucun savant ne peut se passer, c'est justement l'esprit d'analyse, qui nous apprend à distinguer les éléments des objets que nous étudions, à les séparer par la pensée les uns des autres, à les comparer et à les combiner. Ce n'est qu'ainsi qu'on peut se procurer les matériaux d'un raisonnement quelconque, si éloigné d'ailleurs qu'il puisse être du raisonnement mathématique proprement dit. Or, il n'est pas d'observateur si exclusivement observateur, qu'il n'ait besoin de raisonner quelquefois.

Cette habitude de l'analyse, ce n'est pas dans l'étude des mathématiques que le biologiste pourra l'acquérir, si cette étude lui paraît presque aussi fastidieuse qu'au littérateur le plus réfractaire aux sciences. Et peut-être n'est-il pas néces-

saire pour lui de pousser jusqu'à cette analyse
subtile qui est celle du géomètre. Il en est une
moins raffinée qui est pour nous le fruit de
l'étude grammaticale et comparée des langues,
et qui lui suffira amplement, comme gymnastique, en même temps qu'elle choquera moins ses
goûts parce qu'elle lui présentera des objets non
encore vidés de toute couleur et de toute vie.

Giard a été un biologiste de premier ordre et il
avait reçu une éducation littéraire très soignée;
sa mémoire était prodigieuse et sa tête était
restée meublée d'une foule de textes latins et
grecs appris par cœur. C'est là encore entre pa-
renthèses un service que les études littéraires
peuvent rendre au biologiste; elles l'aident à cul-
tiver sa mémoire, et l'on sait combien dans ce
genre de sciences, une bonne mémoire, voire
une bonne mémoire verbale, est un auxiliaire
précieux.

Quoi qu'il en soit, Giard a écrit un intéressant
article sur l'Education du Morphologiste. Il demande avant tout, bien entendu, que l'on déve-
loppe chez l'enfant l'esprit d'observation ou plu-
tôt qu'on ne l'entrave pas, car il soutient que cet
esprit existe naturellement chez la plupart des

adolescents, et que les méthodes universitaires actuelles ont pour résultat de le faire avorter et de le détruire. Il critique donc vivement nos nouveaux programmes, et la part, excessive d'après lui, qu'on y fait aux mathématiques, et il ajoute la phrase suivante que je crois devoir citer en entier :

« Pendant longtemps, il y avait au moins une compensation à ce triste état de choses. Au sortir des humanités, le jeune homme possédait une certaine connaissance des langues anciennes, et cela, en dehors d'une utilité morale supérieure n'était pas sans de sérieux avantages pour le futur naturaliste. Habilement conduites ces études littéraires pouvaient même fournir à l'esprit de l'apprenti morphologiste une excellente préparation pour ses futurs travaux. L'analyse linguistique révèle bientôt, à une intelligence avertie, des lois de structure et d'évolution des formes du langage, tout à fait comparables à celles qu'on peut déduire de l'observation des êtres vivants ».

Il va sans dire que je ne souscris pas sans réserve à ce qu'il dit contre les mathématiques. Les lignes qu'on vient de lire peuvent cependant nous donner à réfléchir. Les langues évoluent, elles vivent ; les mots ont leur histoire, ils se transforment ; on retrouve dans le mot français des traces du mot latin dont il dérive, comme on trouve dans l'homme, d'après Giard et les autres transformistes, des traces de son ancêtre simiesque. Son aspect extérieur a pu se modifier, mais on apprendra par l'exercice à ne pas être dupe de cette apparence et à le retrouver sous son déguisement. Le biologiste doit de même reconnaître un type zoologique ou botanique sous les divers vêtements dont il se couvre.

VIII

J'ajouterai que les lettres, bien enseignées, peuvent être une école utile pour l'observateur. Les poètes savent aussi observer ; ceux qui sont dignes de ce nom, n'appliquent pas leurs épithètes au hasard, ils les écrivent après avoir regardé. Si le professeur sait son métier, il ne laissera pas passer une occasion de montrer à l'élève la justesse d'une épithète, et pour en juger, il faudra que cet élève apprenne à regarder à son tour. C'est peut-être inutile justement pour le futur biologiste; s'il est né biologiste (et dans le cas contraire, il est destiné à ne jamais rien faire de bon), il saura regarder en naissant, il ne pourra pas faire autrement et il ne sera guère nécessaire de lui révéler les secrets de cet art. C'est précisément le mathématicien qui a besoin qu'on le lui enseigne; et cela lui est aussi indispensable qu'à un autre; s'il n'y a pas d'observateur qui n'ait parfois l'occasion de raisonner un peu, il n'est pas non plus de raisonneur qui n'ait un peu à observer.

IX

On s'accorde à dire que l'enseignement littéraire, bien compris, c'est-à-dire dépouillé de tout appareil inutile de pédantisme ou d'érudition, est le plus propre à développer en nous l'esprit de finesse. Et comme l'esprit de finesse est nécessaire à tout le monde, parce que tout le monde

doit vivre, on conclura que la culture littéraire
est nécessaire aux savants comme à tous les
hommes. Seulement on croit généralement qu'ils
en ont besoin pour devenir des hommes et non
pour devenir des savants; et c'est là qu'on se
trompe.

On peut être un savant et même un grand savant sans aucun esprit de finesse, dira-t-on, et la
preuve c'est que la plupart des hommes de
science en sont absolument dépourvus. C'est là
se contenter d'une vue superficielle; si l'on ren-
contre tant de géomètres ou de naturalistes qui
dans le commerce ordinaire de la vie ont une
conduite parfois étonnante, c'est que distraits par
leurs pensées des contingences qui les entourent,
ils ne voient pas ce qui est autour d'eux. Mais
s'ils ne voient pas, ce n'est point qu'ils n'aient pas
de bons yeux, c'est qu'ils ne regardent pas. Cela
n'empêche nullement qu'ils ne soient capables
de déployer quelque finesse, quand il s'agit des
seuls objets qui leur semblent intéressants.

L'esprit géométrique, en effet, nous permet de
conclure d'après des prémisses complètes, certaines et bien assises; mais on a besoin de l'esprit
de finesse toutes les fois que l'on veut deviner

d'après des données multiples et incertaines entre
lesquelles il faut choisir. Son domaine est donc
beaucoup plus étendu qu'on ne le pense. Il n'est
nullement restreint à ce qui concerne les choses
littéraires ou le commerce des hommes entre eux.
Croit-on que le savant qui a un problème à ré-
soudre ne se trouve jamais en présence de données incertaines ? Laissons de côté le physicien
et le biologiste, la preuve serait trop facile, mais
prenons le mathématicien pur. Il faut qu'il dé-
montre, il faut que ses démonstrations reposent
sur des bases inébranlables et constituent des
monuments solides; pour cela l'esprit géométrique lui suffit. Mais avant de démontrer, il a
fallu inventer. On n'invente pas par déduction
pure; si toute la conclusion était déjà dans les
prémisses connues, ce ne serait plus de l'inven-
tion, de la création, ce ne serait que de la mise
en œuvre, de la transformation. Le géomètre invente par induction, comme le physicien lui-
même; cela je l'ai expliqué ailleurs. Mais pour
inventer par induction, il faut deviner, il faut
choisir. On ne peut pas attendre d'avoir la certi-
tude, il faut se contenter de l'intuition. Ici l'esprit
géométrique pur est en défaut; il nous faut

quelque chose de plus, et ce quelque chose c'est
l'esprit de finesse tel que je viens de le définir.

Et c'est pourquoi parmi les géomètres il y a
ceux qui sont dépourvus d'esprit de finesse, et
ceux qui en sont doués, sinon dans leur vie extérieure, au moins dans leur vie scientifique. Les
premiers pourront faire une œuvre très utile; ils
mettront à point les découvertes des autres, ils
en tireront conséquences sur conséquences, ils
accumuleront les théorèmes, mais ils ne seront
pas de véritables créateurs, sinon peut-être une
fois au début de leur existence, par un heureux
hasard. Les autres sauront choisir, ils sauront
deviner, ils sauront créer; leur œuvre se réduira
peut-être à quelques pages; mais ce seront des
pages dont tout ouvrier un peu habile tirera faci-
lement des volumes. Certes je ne veux pas dire
que les premiers soient tous des produits de l'enseignement moderne, tandis qu'on devrait cher-
cher les créateurs parmi ceux qui ont fait leurs
classes, comme on disait autrefois. Loin de là; il
y a des gens chez qui l'esprit de finesse est naturel
et n'a pas besoin de secours étrangers; il y en a
d'autres à qui vingt années d'études ne sauraient
le donner. Il n'en est pas moins vrai que la plupart

des hommes en possède le germe et qu'un peu de culture en favorisera le développement.

Je ne crois pas avoir détourné le mot d'esprit de finesse de son véritable sens. Il ne s'agit pas seulement de la connaissance des hommes ; et cependant cette connaissance n'est pas à dédaigner, même pour le savant, si celui-ci qui ne peut tout voir par lui-même, est parfois forcé de s'en rapporter aux témoignages. Que de bévues bien des hommes illustres n'auraient-ils pas évitées s'ils avaient su critiquer les témoignages et en peser la valeur ! Mais nous pouvons aussi, comme nous l'avons fait, entendre le mot dans un sens plus général, ne voyons-nous pas alors, que les études littéraires sont merveilleusement propres à nous exercer à l'art de deviner; et le modeste écolier qui fait une simple version n'a-t-il pas déjà à chaque instant, en présence de deux sens grammaticalement possibles, à choisir entre les deux et à deviner quel est le bon?

X

Mais ce n'est pas là le plus important. C'est au contact des lettres antiques que nous apprenons le mieux à nous détourner de ce qui n'a qu'un intérêt contingent et particulier, à ne nous intéresser qu'à ce qui est général, à aspirer toujours à quelque idéal. Ceux qui y ont goûté deviennent incapables de borner leur horizon; la vie extérieure ne leur parle que de leurs intérêts d'un jour, mais ils ne l'écoutent qu'à moitié, ils ont hâte qu'on leur fasse voir autre chose, ils emportent partout la nostalgie d'une patrie plus haute... Et ce serait là peut-être une objection sérieuse contre les études classiques. S'il est à désirer que sur dix Français, neuf deviennent de bons commerçants et des hommes d'affaires, n'est-il pas dangereux de les dégoûter d'avance de ce qui doit remplir leur vie. Sans doute il ne serait pas impossible de réfuter cette objection; mais ce n'est pas là mon affaire, ce n'est pas le sujet que je traite. Je cherche comment il faut faire pour former des savants.

Et alors, cela est bien clair. Le savant ne doit pas s'attarder à réaliser des fins pratiques ; il les obtiendra sans doute, mais il faut qu'il les obtienne par surcroît. Il ne doit jamais oublier que l'objet spécial qu'il étudie n'est qu'une partie d'un grand tout qui le déborde infiniment, et c'est l'amour et la curiosité de ce grand tout qui doit être l'unique ressort de son activité. La science a eu de merveilleuses applications ; mais la science qui n'aurait en vue que les applications ne serait plus la science, elle ne serait plus que la cuisine. Il n'y a pas d'autre science que la science désintéressée.

Il faut monter plus haut, et toujours plus haut pour voir toujours plus loin et sans trop s'attarder en route. Le véritable alpiniste considère toujours le sommet qu'il vient de gravir comme un marchepied qui doit le conduire à un sommet plus élevé. Il faut que le savant ait le pied montagnard, et surtout qu'il ait le cœur montagnard. Voilà quel est l'esprit qui doit l'animer. Cet esprit c'est celui qui soufflait autrefois sur la Grèce et qui y faisait naître les poètes et les penseurs. Il reste dans notre enseignement classique je ne sais quoi de la vieille âme grecque, je ne sais quoi qui nous fait toujours regarder en haut. Et cela est plus précieux, pour faire un savant que la lecture de bien des volumes de géométrie.

Et maintenant, les statistiques nous apprennent-elles que les élèves des sections A, B, C décrochent plus de succès à l'Ecole Polytechnique que ceux de la section D ou bien est-ce le contraire. J'avoue que je n'en sais rien et que cela m'importe peu. D'abord ce qu'il faudrait savoir, c'est si, dans toute la maturité de leur talent, les savants issus des trois premières sections rendent à la science plus ou moins de véritables services que ceux que nous fournit la quatrième ; et pour cela il faudrait peser et non compter ce que les statisticiens ne savent pas faire. Et puis si le résultat n'était pas celui que j'attends, cela prouverait simplement que l'enseignement des sections A, B, C n'est pas ce qu'il devrait être et doit être réformé.

PARIS. — IMP. MICHELS FILS, 6, 8 ET 10, RUE D'ALEXANDRIE.

Ligue " Pour la Culture Française "

Siège: 8, rue Drouot, Paris (téléphone 105-19)

De toutes parts, on constate l'affaiblissement de la culture générale et l'oubli de nos qualités de clarté et de logique ; on parle d'une CRISE DU FRANÇAIS. *Ce malaise coincide avec l'abandon des études classiques, le discrédit du latin et du grec, l'abus de la spécialisation qu'une suite de réformes a introduits tant dans l'enseignement supérieur que dans l'enseignement secondaire. La réforme de 1902, entre toutes, accomplie dans un dessein utilitaire, a brisé l'unité et l'intégrité de notre système d'études.*

L'expérience a condamné ces tendances nouvelles. Ce ne sont pas des lettrés, des dillettantes, qui ont prouvé l'insuffisance de l'enseignement moderne, ce sont des savants, des médecins, des ingénieurs, des industriels.

La LIGUE " POUR LA CULTURE FRANÇAISE " *se propose de grouper tous ceux qui croient à la supériorité de l'éducation classique.*

Défense des humanités, c'est-à-dire non seulement des études latines et grecques, mais d'une culture générale et désintéressée de l'esprit ; tel est le sens précis de son action.

Par des brochures, conférences, enquêtes, la Ligue veut éclairer l'opinion et la convaincre qu'il est nécessaire de revivifier la tradition classique, c'est-à-dire la grande tradition intellectuelle de la France.

COMITÉ D'HONNEUR

MM. Emile Ollivier, Alfred Mézières, comte d'Haussonville, Jules Claretie, Pierre Loti, Thureau-Dangin, Paul Bourget, Jules Lemaitre, comte de Mun, Gabriel Hanotaux, Henri Lavedan, Paul Deschanel, Paul Hervieu, Emile Faguet, marquis de Vogué, Edmond Rostand, Frédéric Masson, René Bazin, Etienne Lamy, Maurice Barrès, Maurice Donnay,